U0349938

中华人民共和国工业和信息化部批准

电子建设工程概（预）算
编制办法及计价依据

HYD 41-2015

中国计划出版社

图书在版编目(CIP)数据

电子建设工程概(预)算编制办法及计价依据:HYD
41-2015/工业和信息化部电子工业标准化研究院
主编.—北京:中国计划出版社,2015.11
ISBN 978-7-5182-0260-7

Ⅰ.①电… Ⅱ.①工… Ⅲ.①电子工业-建筑工程-
建筑概算定额-中国②电子工业-建筑工程-建筑预
算定额-中国 Ⅳ.①TU723.3

中国版本图书馆 CIP 数据核字(2015)第 242900 号

电子建设工程概(预)算编制办法及计价依据 HYD 41-2015
工业和信息化部电子工业标准化研究院 主编

中国计划出版社出版
网址:www.jhpress.com
地址:北京市西城区木樨地北里甲 11 号国宏大厦 C 座 3 层
邮政编码:100038 电话:(010) 63906433 (发行部)
新华书店北京发行所发行
北京市科星印刷有限责任公司印刷

880mm×1230mm 1/16 3.75 印张 71 千字
2015 年 11 月第 1 版 2015 年 11 月第 1 次印刷
印数 1—5000 册

ISBN 978-7-5182-0260-7
定价:36.00 元

主编单位：工业和信息化部电子工业标准化研究院

批准部门：中华人民共和国工业和信息化部

执行日期：二 〇 一 五 年 八 月 一 日

工业和信息化部办公厅关于发布
《电子建设工程概（预）算编制办法及
计价依据》和《电子建设工程预算定额》的通知

工信厅规〔2015〕77号

各省、自治区、直辖市、计划单列市工业和信息化主管部门，各有关单位：

为适应电子建设工程的需要，合理确定和有效控制工程造价，我部组织修订了《电子建设工程概（预）算编制办法及计价依据》和《电子建设工程预算定额》。经审查，现批准发布，自2015年8月1日起实施。

原信息产业部于2005年发布的《电子建设工程概（预）算编制办法及计价依据》和《电子建设工程预算定额》（信部规〔2005〕36号）同时停止执行。

本《电子建设工程概（预）算编制办法及计价依据》和《电子建设工程预算定额》由部电子工业标准化研究院负责具体解释和管理并组织出版、发行。

附件：《电子建设工程概（预）算编制办法及计价依据》和《电子建设工程预算定额》目录

中华人民共和国工业和信息化部办公厅
2015年7月14日

附件：

《电子建设工程概（预）算编制办法及计价依据》
和《电子建设工程预算定额》目录

1. 《电子建设工程概（预）算编制办法及计价依据》
2. 《电子建设工程预算定额》（第一册）：计算机及网络系统工程，综合布线系统工程，安全防范系统工程，道路交通、停车场系统工程，自动售检票系统工程，住宅小区管理系统工程，建筑设备自动化系统工程
3. 《电子建设工程预算定额》（第二册）：雷达工程，有线电视、卫星接收系统工程，专业通信工程
4. 《电子建设工程预算定额》（第三册）：音频、视频、灯光及集中控制系统工程
5. 《电子建设工程预算定额》（第四册）：电磁屏蔽室安装工程
6. 《电子建设工程预算定额》（第五册）：洁净厂房、数据中心及电子环境工程

目　　录

1 电子建设工程概（预）算编制办法

1.1 总 则

1.1.1 为了适应电子建设工程的需要，合理确定工程造价，提高建设项目工程造价的编制质量，统一工程造价文件的编制内容、深度及表现形式，结合电子行业的具体情况，对原信息产业部发布的《电子建设工程概（预）算编制办法及计价依据》（信部规〔2005〕36号）进行修订（以下简称本办法）。

1.1.2 本办法适用于新建、扩建和改建（含技术改造项目）项目工程造价的编制和管理。是建设、设计、施工、监理、咨询和审计等单位编制招投标和管理工程造价的依据。

1.1.3 电子建设工程概、预算应包括从筹建到竣工验收所需的全部费用，其具体内容、计算方法、计算规则应依据现行电子建设工程预算定额及其他有关计价依据进行编制。

1.2 建设工程项目的划分

建设工程项目，一般划分为：建设项目、单项工程、单位工程、分部工程及分项工程。

1.2.1 建设项目。

一个具体的基本建设工程，通常就是一个基本建设项目，简称建设项目。一般是指按总体设计进行施工，经济上实行统一核算，行政上有独立组织形式的建设单位。

1.2.2 单项工程。

单项工程又称工程项目，它是建设项目的组成部分。一个建设项目，可以是一个单项工程，也可能包括多个单项工程。所谓单项工程是具有独立的设计文件，竣工后可以独立发挥生产能力或效益的工程。

1.2.3 单位工程。

单位工程是具有独立施工条件的工程，它是单项工程的组成部分，单位工程一般划分为：

1. 建筑工程：根据其中各组成成分的性质、作用再分为若干单位工程。

一般土建工程：包括房屋及构筑物的各种结构工程和装饰工程。

卫生工程：包括室内外给水排水管道、采暖、通风及民用煤气管道工程等。

工业管道工程：包括蒸汽、压缩空气、煤气、输油管道工程等。

特殊构筑物工程：包括各种设备基础、高炉、烟囱、桥梁、涵洞工程等。

电气照明工程：包括室内外照明、线路架设、变电与配电设备安装等。

2. 设备及其安装工程：设备购置与安装工程，两者有着密切的联系。因此，在工程预算上把两者结合起来，组成为设备及其安装工程。

1.2.4 分部工程。

分部工程是单位工程的组成部分。

1.2.5 分项工程。

分项工程是分部工程的组成部分。

1.3 工程建设程序

一个工程建设项目从提出项目设想、开发、建设、施工到开始生产活动，这个过程，一般称为"项目发展周期"。在这个周期中的各个时期又有许多不同的工作和活动，概括起来，可以把这些工作和活动分为三个阶段，即投资前阶段、投资阶段和生产阶段，每个阶段的各项活动，形成了一个循序渐进的工程过程，在这个过程中，项目逐渐形成。

1.3.1 工程项目投资前阶段。

工程项目投资前阶段又称前期工作阶段。根据我国现行的基本建设程序，前期工作阶段是指提出项目建议书到批准可行性研究报告这一过程，包括提出工程项目建议书（初步可行性研究）、可行性研究（以前称设计任务书）、评估和决策等工作内容。

1. 工程项目建议书。项目建议书是项目发展周期中最初阶段。它的主要作用有：国家选择建设项目的依据，项目建议书批准后即为立项；批准立项的项目，可以列入项目前期工作计划，开展可行性研究；涉及利用外资的项目，在批准立项后，方可对外开展工作。

（1）工程项目建议书的主要内容：

1）建议项目提出的依据。说明项目提出的背景、拟建地点，提出与项目有关的长远规划或行业、地区规划，说明项目建设的必要性。对改、扩建项目要说明现有企业概况。

2）产品方案、拟建规模和建设地点的初步设想。

3）资源情况、建设条件、协作关系和引进国别、厂商和初步分析。

4）投资估算和资金筹措设想。

5）项目的进度安排。

6）经济效果和社会效益的初步估计，包括初步的财务评价和国家经济评价。

（2）一般项目的项目建议书的审批。

项目建议书的审批按国家规定，大中型项目由国家发展和改革委员会审批；投资在2亿元以上的重大项目，由国家发展和改革委员会审核以后报国务院审批。小型项目按隶属关系，由各主管部门或省、自治区、直辖市的计委审批；由地方投资安排建设的地方院校、医院以及其他文教卫生事业的大中型基本建设项目，其项目建议书均不报国家发展和改革委员会审批，由省、自治区、直辖市和计划单列市计委审批，同时抄报国家发展和改革委员会和有关部门备案，项目建议书经批准后，可以开展可行性研究等各项工作。

2. 可行性研究。可行性研究是项目前期工作的最重要内容（详见 1.4 节可行性研究报告的编制内容）。

3. 评估和决策。内容包括：

（1）全面审核可行性研究报告中反映的各项情况是否属实；

（2）分析项目可行性研究报告中各项指标计算是否正确，包括各种参数、基础数据、定额费率的选择；

（3）从企业、国家和社会等方面综合分析和判断工程项目的经济效益和社会效益；

（4）分析判断项目可行性研究的可靠性、真实性和客观性，对项目做出最终的投资决策；

（5）最后写出项目评估报告。

1.3.2 投资阶段。

1. 初步设计和设计概算。设计单位根据批准的可行性研究报告所确定的原则、批文和会议纪要进行初步设计。其内容主要包括：

（1）设计依据和指导思想；

（2）产品方案；

（3）建设规模的主要原材料、规格、数量及来源，生产方法及工艺流程，主要工艺设备图；

（4）厂址概况；

（5）公用及辅助工程，"三废"处理及综合利用；

（6）工厂机械化、自动化水平；

（7）劳动定员；

（8）总概算和技术经济分析；

（9）三材、外委加工订货数量，主要设备表，各专业图纸和主要加工订货设备图；

（10）其他材料。

2. 总进度计划和年度计划。

3. 施工图设计与施工图预算。

4. 工程施工。

5. 生产准备。

6. 投料试车与试生产。

7. 竣工验收。

1.3.3 生产阶段。

生产性工程经过一段试生产，达到规定设计要求，生产正常，全部工程经国家或主管部门验收合格，办理固定资产转移手续，转入正常生产管理，即结束建设阶段，进入生产阶段。

1.4 可行性研究报告的编制

1.4.1 可行性研究报告的含义。

建设项目的可行性研究是在投资决策前，对与拟建项目有关的社会、经济、技术等各方面进行深入细致的调查研究，对各种可能采用的技术方案和建设方案进行认真的技术经济分析和比较论证，对项目建成后的经济效益进行科学的预测和评价。

1.4.2 可行性研究报告的作用。

1. 作为建设项目投资决策的依据；

2. 作为编制设计文件的依据；

3. 作为向银行贷款的依据；

4. 作为建设单位与各协作单位签订合同和有关协议的依据；

5. 作为环保部门、地方政府和规划部门审批项目的依据；

6. 作为施工组织、工程进度安排及竣工验收的依据；

7. 作为项目后评估的依据。

1.4.3 可行性研究报告的步骤。

1. 委托与签订合同；

2. 组织人员和制订计划；

3. 调查研究与收集资料；

4. 方案设计与优选；

5. 经济分析和评价；

6. 编写可行性研究报告。

1.4.4 可行性研究报告的内容。

1. 总论。综述项目概况，包括项目的名称、主办单位、承担可行性研究的单位、项目提出的背景、投资的必要性和经济意义、投资环境、提出项目调查研究的主要依据、工作范围和要求、项目历史发展概况、项目建议书及有关审批文件、可行性研究的主要结论概要和存在的问题与建议；

2. 产品的市场需求和拟建规模；

3. 资源、原材料、燃料及公用设施情况；

4. 建厂条件和厂址选择；

5. 项目设计方案；

6. 环境保护与劳动安全；

7. 企业组织、劳动定员和人员培训；

8. 项目施工计划和进度要求；

9. 投资估算和资金筹措；

10. 项目的经济评价；

11. 综合评价与结论、建议。

1.4.5 可行性研究报告的编制依据。

1. 国家有关的发展规划、计划文件，包括对该行业的鼓励、特许、限制、禁止等有关规定；

2. 项目主管部门对项目建设要求请示的批复；

3. 项目建议书及其审批文件；

4. 项目承办单位委托进行可行性研究的合同或协议；

5. 企业的初步选择报告；

6. 拟建地区的环境现状资料；

7. 试验试制报告；

8. 项目承办单位与有关方面取得的协议，如投资、原料供应、建设用地、运输等方面的初步协议；

9. 国家和地区关于工业建设的法令、法规；

10. 国家有关经济法规、规定，如中外合资企业法，以及税收、外资、贷款等规定；

11. 国家关于建设方面的标准、规范、定额等资料；

12. 市场调查报告；

13. 主要工艺和装置的技术资料和自然、社会、经济方面的有关资料；

14. 项目所在地。

1.4.6 可行性研究报告的编制要求。

1. 编制单位必须具备承担可行性研究的条件；

2. 确保可行性研究报告的真实性和科学性；

3. 可行性研究的深度要规范化和标准化；

4. 可行性研究报告必须经签证和审批。

1.4.7 可行性研究报告的编制程序。

1. 建设单位提出项目建议书和初步可行性研究报告；

2. 项目业主、承办单位委托有资格的单位进行可行性研究；

3. 设计或咨询单位进行可行性研究工作，编制完整的可行性研究报告。

1.5 项目投资估算的编制

1.5.1 投资估算的含义。

投资估算是指在项目投资决策过程中，依据现有的资料和特定的方法，对建设项目的投资数额进行的估计。它是项目建设前期编制项目建议书和可行性研究报告的重要组成部分，是项目决策的重要依据之一。

1.5.2 项目投资估算的作用。

1. 项目建议书阶段的投资估算，是项目主管部门审批项目建议书的依据之一，并对项目的规划、规模起参考作用。

2. 项目可行性研究阶段的投资估算，是项目投资决策的重要依据，也是研究、分析、计算项目投资经济效果的重要条件。当可行性研究报告被批准之后，其投资估算额就是作为设计任务书中下达的投资限额，即作为建设项目投资的最高限额，不得随意突破。

3. 项目投资估算对工程设计概算起控制作用，设计概算应控制在投资估算额以内。

4. 项目投资估算可作为项目资金筹措及制订建设贷款计划的依据，建设单位可根据批准的项目投资估算额，进行资金筹措和向银行申请贷款。

5. 项目投资估算是核算建设项目固定资产投资需要额和编制固定资产投资计划的重要依据。

1.5.3 投资估算的内容。

根据国家规定，从满足建设项目投资设计和投资规模的角度，建设项目投资的估算包括固定资产投资估算和流动资金投资估算两部分。

固定资产投资估算的内容按照费用的性质划分，包括建筑安装工程费、设备及工器具购置费、工程建设其他费用（此时不含流动资金）、基本预备费、价差预备费、建设期贷款利息、固定资产投资方向调节税等。

1.5.4 投资估算的依据。

1. 专门机构发布的建设工程造价费用构成、估算指标、计算方法，以及其他有关计算工程造价的文件。

2. 专门机构发布的工程建设其他费用计算办法和费用标准，以及政府部门发布的物价指数。

3. 拟建项目各单项工程的建设内容及工程量。

1.5.5 投资估算的要求。

1. 工程内容和费用构成齐全，计算合理，不重复计算，不提高或者降低估算标准，不漏项、不少算。

2. 选用指标与具体工程之间存在标准或者条件差异时，应进行必要的换算或调整。

3. 投资估算精度应能满足控制初步设计概算要求。

1.5.6 估算步骤。

1. 分别估算各单项工程所需的建筑工程费、设备及工器具购置费、安装工程费。

2. 在汇总各单项工程费用的基础上，估算工程建设其他费用和基本预备费。

3. 估算价差预备费和建设期贷款利息。

4. 估算流动资金。

1.5.7 固定资产投资估算方法。

1. 静态投资部分估算方法。

2. 动态投资部分估算方法。

1.5.8 流动资金估算方法。

1. 分项详细估算法。

2. 扩大指标估算法。

3. 估算流动资金应注意的问题。

1.6 初步设计概算的编制

1.6.1 设计概算的含义。

设计概算是设计文件的重要组成部分，是在投资估算的控制下由设计单位根据初步设计（或扩大初步设计）图纸、概算定额（或概算指标）、各项费用定额或取费标准（指标）、建设地区的自然、技术经济条件和设备、材料预算价格等资料，编制和确定的建设项目从筹建至竣工交付使用所需全部费用的文件。

1.6.2 设计概算的作用。

1. 设计概算是编制建设项目投资计划、确定和控制建设项目投资的依据。

2. 设计概算是控制施工图设计和施工图预算的依据。

3. 设计概算是衡量设计方案经济合理性和选择最佳设计方案的依据。

4. 设计概算是工程造价管理及编制招标标底和投标报价的依据。

5. 设计概算是考核建设项目投资效果的依据。

1.6.3 设计概算的内容。

1. 单位工程概算。

2. 单项工程综合概算。

3. 建设项目总概算。

1.6.4 设计概算的编制依据。

1. 国家发布的有关法律、法规、规章、规程等。

2. 批准的可行性研究报告及投资估算、设计图纸等有关资料。

3. 有关部门颁布的现行概算定额、概算指标、费用定额等，以及建设项目设计概算编制办法。

4. 有关部门发布的人工、设备材料价格、造价指数等。

5. 建设地区的自然、技术、经济条件等资料。

6. 有关合同、协议等。

7. 其他有关资料。

1.6.5 设计概算的要求。

1. 严格执行国家的建设方针和经济政策的原则。

2. 完整、准确地反映设计内容的原则。

3. 坚持结合拟建工程实际，反映工程所在地当时价格水平的原则。

1.6.6 设计概算的编制方法。

1. 单位工程概算的编制方法：

（1）单位工程概算的含义：单位工程概算是确定单位工程建设费用的文件，是单项工程综合概算的组成部分。

（2）建筑单位工程概算的编制方法：

1）概算定额法。概算定额法又叫扩大单价法或扩大结构定额法。它是采用概算定额编制建筑工程概算的方法，类似用预算定额编制建筑工程预算。它是根据初步设计图纸资料和概算定额的项目划分计算出工程量，然后套用概算定额单价（基价），计算汇总后，再计取有关费用，便可得出单位工程概算造价。

2）概算指标法。概算指标法是用拟建的厂房、住宅的建筑面积（或体积）乘以技术条件相同或基本相同的概算指标得出人工费、材料费、施工机械费、施工仪器仪表费、措施项目费，然后按规定计算出企业管理费及规费、利润和税金等，编制出单位工程概算的方法。

3）类似工程预算法。类似工程预算法是利用技术条件与设计对象相类似的已完工程或在建工程的工程造价资料来编制拟建工程设计概算的方法。

（3）设备及安装单位工程概算的编制方法：

设备及安装工程概算包括设备购置费用概算和设备安装工程费用概算两大部分。

1）设备购置费概算。设备购置费是根据初步设计的设备清单计算出设备原价，并汇总求出设备总原价，然后按有关规定的设备运杂费率乘以设备总原价，两项相加即为设备购置费概算。

$$设备购置费概算 = \sum（设备清单中的设备数量 \times 设备原价）$$
$$\times（1 + 运杂费率 + 运输保险费率 + 采购及保管费率）$$

或　　　　$$设备购置费概算 = \sum（设备清单中的设备数量 \times 设备预算价格）$$

2）设备安装工程费概算。设备安装工程费概算的编制方法是根据初步设计深度和要求明确的程度来确定的，其主要编制方法有：

　　①预算单价法；

　　②扩大单价法；

　　③设备价值百分比法，又叫安装设备百分比法；

　　④综合吨位指标法。

　　2. 单项工程综合概算的编制方法：

　　（1）单项工程综合概算的含义：单项工程综合概算是确定单项工程建设费用的综合性文件，它是由该单项工程的各专业的单位工程概算汇总而成的，是建设项目总概算的组成部分。

　　（2）单项工程综合概算的内容：单项工程综合概算文件一般包括编制说明（不编制总概算时列入）和综合概算表（含其所附的单位工程概算表和建筑材料表）两大部分。当建设项目只有一个单项工程时，此时综合概算文件（实为总概算）除包括上述两大部分外，还应包括工程建设其他费用、建设期贷款利息、预备费和固定资产投资方向调节税的概算。

　　1）编制说明。应列在综合概算表的前面，其内容为：

　　①编制依据。包括国家和有关部门的规定、设计文件，现行概算定额或概算指标、设备材料的预算价格和费用指标等；

　　②编制方法。说明设计概算是采用概算定额法，还是采用概算指标法；

　　③主要设备、材料（钢材、木材、水泥）的数量；

　　④其他需要说明的有关问题。

　　2）综合概算表。综合概算表是根据单项工程所辖范围内的各单位工程概算等基础资料，按照国家或有关部委所规定的统一表格进行编制。

　　3. 建设项目总概算的编制方法：

　　（1）总概算的含义。建设项目总概算是设计文件的重要组成部分，是确定整个建设项目从筹建到竣工交付使用所预计花费的全部费用的文件。

　　（2）总概算的内容。总概算文件一般应包括：封面及目录、编制说明、总概算表、工程建设其他费用概算表、单项工程综合概算表、单位工程概算表、工程量计算表、分年度投资汇总表与分年度资金流量汇总表以及主要材料汇总表与工日数量表等。

　　1）封面、签署页及目录。

　　2）编制说明。编制说明应包括下列内容：

　　①工程概况。简述建设项目性质、特点、生产规模、建设周期、建设地点等主要情况。引进项目要说明引进内容以及与国内配套工程等主要情况。

　　②资金来源及投资方式。

　　③编制依据及编制原则。

④编制方法。总概算是采用概算定额法，还是采用概算指标法等。

⑤投资分析。主要分析各项投资的比重、各专业投资的比重等经济指标。

⑥其他需要说明的问题。

3）总概算表。总概算表应反映静态投资和动态投资两个部分。静态投资是按设计概算编制期价格、费率等确定的投资；动态投资是指概算编制时期到竣工验收前因价格变化等多种因素所需的投资。

4）工程建设其他费用概算表。工程建设其他费用概算按国家或地区或部委所规定的项目和标准确定，并按表统一格式编制。

5）单项工程综合概算表和建筑安装单位工程概算表。

6）工程量计算表和工、料数量汇总表。

7）分年度投资汇总表和分年度资金流量汇总表。

1.7 施工图预算编制

1.7.1 施工图预算的含义。

施工图预算是施工图设计预算的简称，又叫设计预算。它是由设计单位在施工图设计完成后，根据施工图设计图纸、现行预算定额、费用定额以及设备、人工、材料、施工机械台班、施工仪器仪表台班等预算价格编制和确定的建筑安装工程造价的文件。

1.7.2 施工图预算的作用。

1. 施工图预算是设计阶段控制工程造价的重要环节，是控制施工图设计不突破设计概算的重要措施；

2. 施工图预算是编制或调整固定资产投资计划的依据；

3. 对于实行施工招标的工程，施工图预算是编制招标控制价的依据，也是承包企业投标报价的基础；

4. 对于不宜实行招标而采用施工图预算加调整价结算的工程，施工图预算可作为确定合同价款的基础或作为审查施工企业提出的施工图预算的依据。

1.7.3 施工图预算的内容。

1. 单位工程预算；

2. 单项工程预算。

1.7.4 施工图预算的编制依据。

1. 施工图纸及说明书和标准图集；

2. 现行预算定额及单位估价表；

3. 施工组织设计或施工方案；

4. 人工、材料、施工机械台班、施工仪器仪表台班预算价格及调价规定；

5. 建筑安装工程费用定额；

6. 预算员工作手册及有关工具书。

1.7.5 施工图预算的编制方法。

1. 单价法编制施工图预算：

（1）单价法的含义：单价法是用事先编制好的分项工程的单位估价表来编制施工图预算的方法。

（2）单价法编制施工图预算的步骤：

1）搜集各种编制依据资料；

2）熟悉施工图纸和定额；

3）计算工程量；

4）套用预算定额单价；

5）编制工料分析表；

6）计算其他各项应取费用和汇总造价；

7）复核；

8）编制说明、填写封面。

2. 实物法编制施工图预算（略）。

1.8 建设项目竣工决算的编制

1.8.1 建设项目竣工决算的含义。

建设项目竣工决算是指所有建设项目竣工后，建设单位按照国家有关规定在新建、改建和扩建工程建设项目竣工验收阶段编制的竣工决算报告。

1.8.2 建设项目竣工决算的作用。

1. 建设项目竣工决算是综合、全面地反映竣工项目建设成果及财务情况的总结性文件，它采用货币指标、实物数量、建设工期和各种技术经济指标综合、全面地反映建设项目自开始建设到竣工为止的全部建设成果和财务状况。

2. 建设项目竣工决算是办理交付使用固定资产的依据，也是竣工验收报告的重要组成部分。

3. 建设项目竣工决算是分析和检查设计概算的执行情况、考核投资效果的依据。

1.8.3 竣工决算的内容。

1. 竣工决算报告情况说明书；

2. 竣工财务决算报表；

3. 建设工程竣工图；

4. 工程造价比较分析。

1.8.4 竣工决算的编制依据。

1. 可行性研究报告、投资估算书、初步设计或扩大初步设计、修正总概算及其批复文件；

2. 设计变更记录、施工记录或施工签证单及其他施工发生的费用记录；

3. 经批准的施工图预算或标底造价、承包合同、工程结算等有关资料；

4. 历年基建计划、历年财务决算及批复文件；

5. 设备、材料调价文件和调价记录；

6. 其他有关资料。

1.8.5 竣工决算的编制要求。

1. 按照规定组织竣工验收，保证竣工决算的及时性；

2. 积累、整理竣工项目资料，保证竣工决算的完整性；

3. 清理、核对各项账目，保证竣工决算的正确性。

1.8.6 竣工决算的编制步骤。

1. 收集、整理和分析有关依据资料；

2. 清理各项财务、债务和结余物资；

3. 填写竣工决算报表；

4. 编制建设工程竣工决算说明；

5. 做好工程造价对比分析；

6. 清理、装订好竣工图；

7. 上报主管部门审查。

2 建设项目工程费用组成

2.0.1 建设投资。

建设投资是指用于建设项目的全部工程费用（设备购置费、建筑工程费、安装工程费）、工程建设其他费用及预备费用（基本预备费和价差预备费）之和。

2.0.2 建设期利息。

建设期利息是指建设项目借款在建设期内发生并应计入固定资产的借款利息等财务费用。

2.0.3 固定资产投资方向调节税。

固定资产投资方向调节税是指国家为贯彻产业政策、引导投资方向、调整投资结构而征收的投资方向调整税金。

建设项目工程费用组成（见表2-1）。

表2-1　建设项目工程费用组成表

费用项目名称					形成资产类别
建设项目总投资	建设投资	第一部分工程费用	1	设备购置费	固定资产
			2	建筑工程费	
			3	安装工程费	
		第二部分工程建设其他费用	1	建设单位管理费	
			2	可行性研究费	
			3	招标代理服务费	
			4	勘察费	
			5	设计费	
			6	建设领域应用软件开发费	
			7	环境影响咨询费	
			8	劳动安全卫生评价费	
			9	场地准备及临时设施费	
			10	引进技术和引进设备其他费	
			11	建设工程监理费	
			12	工程保险费	
			13	联合试运转费	
			14	特殊设备安全监督检验费	
			15	市政公用设施建设及绿化补偿费	
			16	施工总承包费	
			17	建设用地费	无形资产

费用项目名称				形成资产类别
建设项目总投资	建设投资	第二部分 工程建设 其他费用	18 专利及专有技术使用费	其他资产 （递延资产）
			19 生产准备及开办费	
		第三部分 预备费	1 基本预备费	按第一、二部分费用 比例或实际发生情况 形成相应资产类别
			2 价差预备费	
	第四部分 专项费用		1 建设期贷款利息	固定资产
			2 铺底流动资金	
			3 固定资产投资方向调节税（暂停征收）	

3 建筑、安装工程费用项目组成

3.0.1 建筑、安装工程费由人工费、材料费、施工机械和施工仪器仪表使用费、措施项目费、企业管理费、规费、利润和税金组成（见表3-1）。

表 3-1　建筑、安装工程费用项目组成表

		费用项目名称	
费用构成	一、人工费		
	二、材料费		
	三、施工机械使用费		
	四、施工仪器仪表使用费		
	五、措施项目费	1	安全文明施工费（环境保护费、安全施工费、文明施工费、临时设施费）
		2	夜间施工增加费
		3	二次搬运费
		4	冬雨季施工增加费
		5	工程定位复测、工程点交费
		6	已完工程及设备保护费
		7	测量放线费
		8	超高施工降效增加费
		9	高层施工降效增加费
		10	高原地区施工增加费
		11	安装与生产同时进行施工增加费
		12	有害身体健康的环境中施工增加费
		13	脚手架费
		14	施工队伍车辆使用费
		15	施工队伍调遣费
		16	远地施工增加费
		17	大型机械、仪器仪表进出场及安拆费
		18	停、窝工费
		19	施工用水、电、气费
		20	工程系统检测、检验费
		21	工程现场安全保护设施费
		22	地下管线交叉处理措施费
		23	设备、管道施工的防冻和焊接保护费
		24	组装平台费
		25	洁净措施费
		26	技术培训费
		27	其他

费用项目名称			
费用构成	六、企业管理费	1	管理人员工资
		2	办公费
		3	差旅交通费
		4	固定资产使用费
		5	工具用具使用费
		6	劳动保险费及职工福利费
		7	劳动保护费
		8	工会经费
		9	检验试验费
		10	职工教育经费
		11	财产保险费
		12	财务费
		13	税金
		14	其他
	七、规费	1	社会保险费
		1.1	养老保险
		1.2	失业保险
		1.3	医疗保险
		1.4	工伤保险
		1.5	生育保险
		2	住房公积金
		3	工程排污费
	八、利润		
	九、税金	1	营业税
		2	城市维护建设税
		3	教育费附加
		4	地方教育附加

4 建筑、安装工程费用计价依据

4.1 设备和材料购置费

4.1.1 设备购置费。

1. 设备购置费 = 设备原价 + 运杂费（运输费 + 装卸费 + 搬运费）+ 运输保险费 + 采购及保管费。

2. 设备原价 = 出厂价（或供货地点价）+ 包装费 + 手续费。

3. 运杂费 = 设备原价 × 运杂费费率。

运杂费费率见表 4-1。

4. 运输保险费 = 设备原价 × 1%。

5. 采购及保管费：

需要安装的，采购及保管费 = 设备原价 × 2.4%。

不需要安装的，采购及保管费 = 设备原价 × 1.2%。

表 4-1　设备运杂费费率表

运输里程 L（km）	取费基础	费　率（%）
$L \leqslant 100$	设备原价	0.8
$100 < L \leqslant 200$		0.9
$200 < L \leqslant 300$		1.0
$300 < L \leqslant 400$		1.1
$400 < L \leqslant 500$		1.2
$500 < L \leqslant 750$		1.5
$750 < L \leqslant 1000$		1.7
$1000 < L \leqslant 1250$		2.0
$1250 < L \leqslant 1500$		2.2
$1500 < L \leqslant 1750$		2.4
$1750 < L \leqslant 2000$		2.6
$L > 2000$km 时，每增加 250km		0.2

4.1.2 材料购置费。

1. 材料购置费 = 材料原价 + 运杂费 + 运输保险费 + 采购及保管费。

2. 材料原价 = 出厂价（或供货地点价）+ 包装费 + 手续费。

3. 运杂费 = 材料原价 × 运杂费费率。

运杂费费率见表 4-2。

4. 运输保险费 = 材料原价 × 1%。

5. 采购及保管费 = 材料原价 × 2.4%。

6. 凡由建设单位提供的可利用旧料，其材料费不计入工程成本。

表 4–2　材料运杂费费率表

费率（%）　　　　项目名称 运输里程 L（km）	光缆	电缆、 电工器材	金属、 焊接、 管件材料	塑料、 橡胶、 保温材料	木材及 木材制品	水泥、 砖、瓦、 灰、石
$L \leqslant 100$	1.0	1.5	3.6	4.3	8.4	18.0
$100 < L \leqslant 200$	1.1	1.7	4.0	4.8	9.4	20.0
$200 < L \leqslant 300$	1.2	1.9	4.5	5.4	10.5	23.0
$300 < L \leqslant 400$	1.3	2.1	4.8	5.8	11.5	24.5
$400 < L \leqslant 500$	1.4	2.4	5.4	6.5	12.5	25.0
$500 < L \leqslant 750$	1.7	2.6	6.3	—	14.7	—
$750 < L \leqslant 1000$	1.9	3.0	7.2	—	16.8	—
$1000 < L \leqslant 1250$	2.2	3.4	8.1	—	18.9	—
$1250 < L \leqslant 1500$	2.4	3.8	9.0	—	21.0	—
$1500 < L \leqslant 1750$	2.6	4.0	9.6	—	22.4	—
$1750 < L \leqslant 2000$	2.8	4.3	10.2	—	23.8	—
$L > 2000$km 时，每增加 250km	0.2	0.3	0.6	—	1.5	—

4.2　建筑、安装工程费

4.2.1　人工费。

人工费是指是指直接从事建筑安装工程施工生产人员开支的各项费用。

本定额的人工工日不分工种等级，一律以综合工日表示，分为普工、安装工、调试工，其人工工日的消耗量内容包括基本用工、辅助用工和人工幅度差。

本定额的日工资单价按照编制期工程所在地人力资源和社会保障部门所发布的最低工资标准的：普工 1.3 倍、安装工 2.265 倍、调试工 3.26 倍取定的。编制期的综合工日单价和定额的综合工日单价的价差另计。

计算方法：

人工费 = ∑（工程量 × 工日定额消耗量 × 综合工日单价）。

4.2.2　材料费。

材料费是指施工过程中耗费的原材料、辅助材料、构配件、零件、半成品或成品的费用。

计算方法：

材料费 = ∑（工程量 × 材料定额消耗量 × 材料预算单价）。

4.2.3　施工机械使用费。

施工机械使用费是指施工机械作业所发生的机械使用费。

计算方法：

施工机械使用费＝∑（工程量 × 机械定额消耗量 × 机械台班预算单价）。

4.2.4 施工仪器仪表使用费

施工仪器仪表使用费是指施工仪器仪表作业所发生的仪器仪表使用费。

计算方法：

施工仪器仪表使用费＝∑（工程量 × 仪器仪表定额消耗量 × 仪器仪表台班预算单价）。

4.2.5 措施项目费。

措施项目费是指为完成工程项目施工，发生于该工程施工前和施工过程中非工程实体项目的费用。

计算方法：总人工费 × 费率（具体参见表4-3）。

表 4-3 措施项目费

	项 目		计算基数及费率
1	安全文明施工费		人工费 ×30.1%
2	夜间施工增加费		人工费 × 费率（2%）
3	二次搬运费		人工费 × 费率（9%）
4	冬雨季施工增加费		人工费 × 费率（2%）
5	工程定位复测、工程点交费		人工费 × 费率（4%）
6	已完工程及设备保护费		人工费 × 费率（1.8%）
7	测量放线费		人工费 × 费率（2%）
8	超高施工降效增加费（指操作物高度离楼地面5m以上施工增加的费用，超高机械使用费按实际发生另计）	8m 以下	相关子目人工费 × 费率（10%）
		12m 以下	相关子目人工费 × 费率（15%）
		16m 以下	相关子目人工费 × 费率（20%）
		20m 以下	相关子目人工费 × 费率（25%）
		30m 以下	相关子目人工费 × 费率（60%）
9	高层施工增加费（指操作物高度在6层或20m以上的高度施工增加的费用；施工层高不同时，应以最高层为确定取费标准的依据）	40m 以下	相关子目人工费 × 费率（3%）
		80m 以下	相关子目人工费 × 费率（6%）
		120m 以下	相关子目人工费 × 费率（8%）
		160m 以下	相关子目人工费 × 费率（20%）
		200m 以下	相关子目人工费 × 费率（30%）
10	高原地区施工降效增加费（在海拔2000m以上的高原地区、沙漠地区、山区、森林地区施工）	2000 ～ 3000m	人工费 × 费率（12%）
		3001 ～ 4000m	人工费 × 费率（22%）
		4001 ～ 4500m	人工费 × 费率（33%）
		4501 ～ 5000m	人工费 × 费率（40%）
		5000m 以上	人工费 × 费率（60%）
11	安装与生产同时进行施工增加费		人工费 × 费率（10%）
12	有害身体健康的环境中施工增加费（在化工地区、核污染地区、高寒地区、高温地区施工）		人工费 × 费率（10%）

	项 目	计算基数及费率
13	脚手架费	按实际发生计取
14	施工队伍车辆使用费	人工费 × 费率（6%）
15	施工队伍调遣费 （根据工程建设任务需要，在距施工单位基地25km 以外地点施工，应支付给施工队伍的差旅费）	按双方合同约定计取
16	远地施工增加费	按双方合同约定计取
17	大型机械、仪器仪表进出场及安拆费	按双方合同约定计取
18	停、窝工费	按实际发生计取
19	施工用水、电、气费	按实际发生计取
20	工程系统检测、检验费 （由国家或地方检测部门进行的各类检测、检验）	按实际发生计取
21	工程现场安全保护设施费	按实际发生计取
22	地下管线交叉处理措施费	按实际发生计取
23	设备、管道施工的防冻和焊接保护费	按实际发生计取
24	组装平台费	按实际发生计取
25	洁净措施费	按实际发生计取
26	技术培训费	按双方合同约定计取
27	其他	

4.2.6 企业管理费。

企业管理费是指建筑安装企业组织施工生产和经营管理所需的费用。

计算方法：人工费 × 费率（60%）。

4.2.7 规费。

规费是指政府和有关权力部门规定必须缴纳的费用。

计算方法：

1. 社会保险费 = 人工费 ×33.8%。

包括：（1）养老保险 = 人工费 ×20%；

（2）失业保险 = 人工费 ×2%；

（3）医疗保险 = 人工费 ×10%；

（4）工伤保险 = 人工费 ×1%；

（5）生育保险 = 人工费 ×0.8%。

2. 住房公积金 = 人工费 ×12%。

3. 工程排污费：按各地方政府规定执行。

4.2.8 利润。

利润是指施工企业完成所承包工程获得的盈利。

计算方法一：电子系统工程按以下公式计取：

利润 = 人工费 × 费率（60%）。

计算方法二：洁净厂房、数据中心及电子环境工程和电磁屏蔽室安装工程按以下公式计取：

利润 =（人工费 + 材料费 + 施工机械使用费 + 施工仪器仪表使用费 + 措施项目费 + 企业管理费）× 费率（7%）。

4.2.9 税金。

税金是指国家税法规定的应计入建筑安装工程造价内的营业税、城市维护建设税及教育费附加以及地方教育费附加。

1. 纳税地点在市区。

计算方法：（人工费 + 材料费 + 施工机械使用费 + 施工仪器仪表使用费 + 措施项目费 + 企业管理费 + 利润 + 规费）× 3.48%。

2. 纳税地点在县城。

计算方法：（人工费 + 材料费 + 施工机械使用费 + 施工仪器仪表使用费 + 措施项目费 + 企业管理费 + 利润 + 规费）× 3.41%。

3. 纳税地点在其他区域。

计算方法：（人工费 + 材料费 + 施工机械使用费 + 施工仪器仪表使用费 + 措施项目费 + 企业管理费 + 利润 + 规费）× 3.28%。

5 建设领域应用软件开发费用计算方法

为了合理地确定建设领域应用软件开发工程的投资预算，为用户单位、财政审批单位、软件开发商提供科学、统一、快捷的方法提供参考。

建设领域应用软件开发费是指信息系统工程中，除采购软件外需要定制或单独开发的软件（含二次开发软件）费用。应用软件开发费包括开发人员工资、材料费、仪器仪表使用费、措施项目费、企业管理费、规费、利润、其他费用、税金。

5.0.1 开发人员的人工费。

1. 应用软件开发是指从软件项目启动到项目实施前这一段时间的工作。其内容包括系统分析、设计、开发、测试、部署运行等方面的工作，其取费主要是依据开发工作量和软件人员"人·月工资"进行计取。

软件开发人员工资 = 工作量 × 人·月工资

2. 应用软件开发工作量指完成该项目所需投入"人·月"数。一个"人·月"表示一个软件人员在一个月的时间内从事软件开发项目的时间数，工作量大小由软件项目规模决定，以功能点（FP）表示软件规模。功能点是对软件功能和大小的间接度量单位，一般通过必须和用户交互情况的数目来测算程序工程量大小。

工作量 = 项目功能点 × 开发成本系数 /8 小时 /20.83 天

（开发成本系数是指完成某个功能点（FP）的规定活动所需要投入的人工时，其单位为人工时 /FP。）

功能点耗时率参考数值：

功能点下限耗时系数 =9.1 小时 / 功能点；

功能点标准耗时系数 =13.4 小时 / 功能点；

功能点上限耗时系数 =24.8 小时 / 功能点。

3. 开发人员的人工费构成。

人·月工资：指软件企业需要支付给软件开发人员的工资平均值。

依据为经国家人力资源和社会保障部审核、北京市政府批准、北京市人力资源和社会保障局发布的北京市 2012 企业工资指导线，即有关计算机软件技术人员年平均工资指导线。

国有及国有控股企业：

低位 39862 元 / 年；中位 81703 元 / 年；高位 197966 元 / 年。

平均年工资为 106510.33 元，月工资为 8875.86 元。

年工资包括职工实得工资、住房补贴、租房提租补贴以及单位从个人工资中直接为其代扣代缴的个人所得税、住房公积金和各项社会保险中个人缴纳部分。

5.0.2 材料费。

参照本办法第 4.2.2 条执行。

5.0.3 仪器仪表使用费。

参照本办法第 4.2.4 条执行。

5.0.4 措施项目费。

参照本办法第 4.2.5 条执行。

5.0.5 企业管理费。

参照本办法第 4.2.6 条执行。

5.0.6 规费。

参照本办法第 4.2.7 条执行。

5.0.7 利润。

参照本办法第 4.2.8 条执行。

5.0.8 其他费用。

按双方合同约定执行。

5.0.9 税金。

按地方政府的相关规定执行。

5.0.10 应用软件开发费计算公式：

应用软件开发费＝软件开发人员的人工费＋材料费＋仪器仪表使用费＋措施项目费＋企业管理费＋规费＋利润＋其他费用＋税金。

6 工程建设其他费用计价依据

6.0.1 建设单位管理费。

1. 费用内容：

建设单位管理费是指建设单位从项目筹建开始直至办理竣工决算为止发生的项目建设管理费用。包括：发工资性支出，社会保障费支出，公用经费，房屋租赁费等。

2. 计算方法：

按财政部 2002 年 9 月 27 日财建（2002）394 号文，关于印发《基本建设财务管理规定》的规定计取（见表 6-1）。建设单位管理费 = 工程总概算 × 费率（%），按差额定率累进法计算。

表 6-1　建设单位管理费用计算表　　　　　单位：万元

工程总概算	费率	算　例	
		工程总概算	建设单位管理费
1000 以下	1.5%	1000	1000 × 1.5% = 15
1001 ~ 5000	1.2%	5000	15 +（5000 - 1000）× 1.2% = 63
5001 ~ 10000	1.0%	10000	63 +（10000 - 5000）× 1% = 113
10001 ~ 50000	0.8%	50000	113 +（50000 - 10000）× 0.8% = 433
50001 ~ 100000	0.5%	100000	433 +（100000 - 50000）× 0.5% = 683
100001 ~ 200000	0.2%	200000	683 +（200000 - 100000）× 0.2% = 883
200000 以上	0.1%	280000	883 +（280000 - 200000）× 0.1% = 963

6.0.2 可行性研究费。

1. 费用内容：

可行性研究费是指在建设项目前期工作中，编制和评估项目建议书（或预可行性研究报告）、可行性研究报告所需的费用。

2. 计算方法：

依据前期研究委托合同计算，或按照《国家计委关于印发〈建设项目前期工作咨询收费暂行规定〉的通知》（计投资〔1999〕1283 号）的规定计算（见表 6-2）。

表 6-2　建设项目估算投资额分档收费标准　　　单位：万元

咨询评估项目 ＼ 估算投资	3000 万元~1 亿元	1 亿元~5 亿元	5 亿元~10 亿元	10 亿元~50 亿元	50 亿元以上
一、编制项目建议书	6 ~ 14	14 ~ 37	37 ~ 55	55 ~ 100	100 ~ 125
二、编制可行性研究报告	12 ~ 28	28 ~ 75	75 ~ 110	110 ~ 200	200 ~ 250
三、评估项目建议书	4 ~ 8	8 ~ 12	12 ~ 15	15 ~ 17	17 ~ 20
四、评估可行性研究报告	5 ~ 10	10 ~ 15	15 ~ 20	20 ~ 25	25 ~ 35

注：1　建设项目估算投资额是指项目建议书或者可行性研究报告的估算投资额。
　　2　建设项目的具体收费标准，根据估算投资额在相对应的区间内用插入法计算。

6.0.3　招标代理服务费。

1. 费用内容：

招标代理服务费是指招标代理机构接受招标人委托，从事编制招标文件（包括编制资格预审文件和标底），审查投标人资格，组织投标人踏勘现场并答疑，组织开标、评标、定标，以及提供招标前期咨询、协调合同的签订等业务所收取的费用。

2. 计算方法：

按照国家计委关于印发《招标代理服务收费管理暂行办法》的通知（计价格〔2002〕1980 号）、国家发展改革委《关于降低部分建设项目收费标准规范收费行为等有关问题的通知》（发改价格〔2011〕534 号）规定计算（见表 6-3）。

表 6-3　招标代理服务收费标准

中标金额（万元） ＼ 费率（%）／服务类型	货物招标	服务招标	工程招标
100 以下	1.50	1.50	1.00
100 ~ 500	1.10	0.80	0.70
500 ~ 1000	0.80	0.45	0.55
1000 ~ 5000	0.50	0.25	0.35
5000 ~ 10000	0.25	0.10	0.20
10000 ~ 50000	0.05	0.05	0.05
50000 ~ 100000	0.035	0.035	0.035
100000 ~ 500000	0.008	0.008	0.008
500000 ~ 1000000	0.006	0.006	0.006
1000000 以上	0.004	0.004	0.004

6.0.4　勘察费。

1. 费用内容：

工程勘察收费是指勘察人根据发包人的委托，收集已有资料、现场踏勘、制订勘察纲要，进行测绘、勘探、取样、试验、测试、检测、监测等勘察作业，以及编制工程勘察文件和岩土工程设计文件等收取的费用。

2. 计算方法：

依据勘察委托合同计列，或按照国家发展改革委、建设部《关于发布〈工程勘察设计收费管理规定〉的通知》（计价格〔2002〕10 号）和国家发展改革委《关于降低部分建设项目收费标准规范收费行为等有关问题的通知》（发改价格〔2011〕534 号）规定计取。

6.0.5 设计费。

1. 费用内容：

工程设计收费是指设计人根据发包人的委托，提供编制建设项目初步设计文件、施工图设计文件、非标准设备设计文件、施工图预算文件、竣工图文件等服务所收取的费用。

基本设计收费采取按照建设项目单位工程概算投资额分档计费方法计算收费。

2. 计算方法：

工程设计收费按照国家发展改革委、建设部《关于发布〈工程勘察设计收费管理规定〉的通知》（计价格〔2002〕10 号）和国家发展改革委《关于降低部分建设项目收费标准规范收费行为等有关问题的通知》（发改价格〔2011〕534 号）规定计取（见表 6-4）。

表 6-4　工程设计收费基价表　　　　　单位：万元

序号	1	2	3	4
计费额	1000 以下	3000	5000	8000
收费基价	市场调节价	103.80	163.90	249.60

6.0.6 建设领域应用软件开发费。

参照第 5 章的相关条款执行。

6.0.7 环境影响咨询费。

1. 费用内容：

环境影响咨询费是指按照《中华人民共和国环境保护法》、《中华人民共和国环境影响评价法》等规定，为全面、详细地评价本建设项目对环境可能产生的污染或造成的重大影响所需的费用。环境影响咨询是建设项目前期工作中的重要环节，环境影响咨询内容包括：编制环境影响报告书（含大纲）、环境影响报告表，对环境影响报告书（含大纲）、环境影响报告表进行技术评估。

2. 计算方法：

按照国家计委、国家环境保护总局《关于规范环境影响咨询收费有关问题的通知》（计价格〔2002〕125 号）和国家发展改革委《关于降低部分建设项目收费标准规范收费行为等有关问题的通知》（发改价格〔2011〕534 号）规定计取（见表 6-5）。

表 6-5　建设项目环境影响咨询收费标准　　　　　单位：万元

咨询服务项目＼估算投资额（亿元）	0.3 以下	0.3 ~ 2	2 ~ 20	20 ~ 50	50 ~ 100	100 以上
编制环境影响报告书（含大纲）	5 ~ 6	6 ~ 15	15 ~ 35	35 ~ 75	75 ~ 110	110 以上
编制环境影响报告表	1 ~ 2	2 ~ 4	4 ~ 7	7 以上		
评估环境影响报告书（含大纲）	0.8 ~ 1.5	1.5 ~ 3	3 ~ 7	7 ~ 9	9 ~ 13	13 以上
评估环境影响报告表	0.5 ~ 0.8	0.8 ~ 1.5	1.5 ~ 2	2 以上		

注：1　表中数字下限为不含，上限为包含；
　　2　估算投资额为项目建议书或可行性研究报告中的估算投资额；
　　3　咨询服务项目收费标准根据估算投资额在对应区间内用插入法计算；
　　4　以本表收费标准为基础，按建设项目行业特点和所在区域的环境敏感程度，乘以调整系数，确定咨询服务收费基准价，调整系数见表 6-6、表 6-7。
　　5　评估环境影响报告书（含大纲）的费用不含专家参加审查会议的差旅费；环境影响评价大纲的技术评估费用占环境影响报告书评估费用 40%；
　　6　本表所列编制环境影响报告收费标准为不设评价专题的基准价，每增加一个专题加收 50%；
　　7　本表中费用不包括遥感、遥测、风洞试验、污染气象观测、示踪试验、地探、物探、卫星图片解读、需要动用船、飞机等特殊监测的费用。

表 6-6　环境影响评价大纲、报告书编制收费行业调整系数

行　　业	调整系数
化工、冶金、有色、黄金、煤炭、矿产、纺织、化纤、轻工、医药	1.2
石化、石油天然气、水利、水电、旅游	1.1
林业、畜牧、渔业、农业、交通、铁道、民航、运输、建材、市政、烟草、兵器	1.0
邮电、广播电视、航空、机械、船舶、航天、电子、勘探、社会服务、火电	0.8
粮食、建筑、信息产业、仓储	0.6

注：对估算投资额 100 亿元以下的农业、林业、渔业、水利、建材、市政（不含垃圾及危险废物集中处置）·房地产、仓储（涉及有毒、有害及危险品的除外）、烟草、邮电、广播电视、电子配件组装、社会事业与服务建设项目的环境影响评价收费，应在原规定的收费标准基础上下调 20% 收取；上述行业以外的化工、冶金、有色等其他建设项目的环境影响评价收费维持现行标准不变。

表 6-7　环境影响评价大纲、报告书编制收费环境敏感程度调整系数

环境敏感程度	调整系数
敏　感	1.2
一　般	0.8

6.0.8 劳动安全卫生评价费。

　　1. 费用内容：

按照劳动部《建设项目（工程）劳动安全卫生监察规定》和《建设项目（工程）劳动安全卫生预评价管理办法》的规定，为预测和分析建设项目存在的职业危险、危害因素的种类和危险危害程度，并提出先进、科学、合理可行的劳动安全卫生技术和管理对策的所需费用。包括编制建设项目劳动安全卫生预评价大纲和劳动安全卫生预评价报告书以及为编制上述文件所进行的工程分析和环境现状调查等所需费用。

　　2. 计算方法：

依据劳动安全卫生预评价委托合同计列，或按照建设项目所在省（市、自治区）劳动行政部门规定的标准计取。

6.0.9 场地准备及临时设施费。

　　1. 费用内容：

场地准备及临时设施费包括场地准备费和临时设施费。

（1）场地准备费是指建设项目为达到工程开工条件所发生的场地平整和建设场地余留的有碍于施工建设的设施进行拆除清理的费用。

（2）临时设施费是指为满足施工建设需要而供到场地界区的临时水、电、路、讯、气等工程费用和建设期间建设单位所发生的现场临时建（构）筑物的搭设、维修、拆除、摊销或租赁费用，以及施工期间专用公路养护费、维修费。

（3）场地准备及临时设施应尽量与永久性工程统一考虑。建设场地的大型土石方工程应进入工程费用中的总运土费用中。

　　2. 计算方法：

（1）新建项目的场地准备及临时设施费应根据实际工程量估算，或按工程费用的比例计算。改、扩建项目不计此项费用。

（2）发生拆除清理费时可按双方合同约定计取，也可按新建同类工程造价或主材费、设备费的比例计算。凡可回收钢材采用以料抵工方式，不再计算拆除清理费。

　　场地准备及临时设施费 = 工程费用 × 费率 + 拆除清理费

　　电子设备拆除清理费 =（安装工程人工费 + 材料费 + 机械费 + 仪器仪表费）× 55%

6.0.10 引进技术和引进设备其他费。

　　1. 费用内容：

（1）引进项目图纸资料翻译复制费、备品备件测绘费。

（2）出国人员费用：包括买方人员出国设计联络、出国考察、联合设计、监造、培训等所发生的旅费、生活费、制装费等。

（3）来华人员费用：包括卖方来华工程技术人员的现场办公费用、往返现场交通费用、工资、食宿费用、接待费用等。

（4）银行担保及承诺费：指引进项目由国内外金融机构出面承担风险和责任担保所发生的费用，以及支付贷款机构的承诺费用。

2. 计算方法：

（1）引进项目图纸资料翻译复制费：根据引进项目的具体情况计列或按引进货价（F.O.B）的比例估列；引进项目发生备品备件测绘费时按具体情况估列。

（2）出国人员费用：依据合同规定的出国人次、期限和费用标准计算。生活费及制装费按照财政部、外交部规定的现行标准计算，旅费按中国民航公布的国际航线票价计算。

（3）来华人员费用：应依据引进合同有关条款规定计算。引进合同价款中已包括的费用内容不得重复计算。来华人员接待费可按每人/次费用指标计算。

（4）银行担保及承诺费：应按担保或承诺协议计取。投资估算和概算编制时可以担保金额或承诺金额为基数乘以费率计算。

6.0.11 建设工程监理费。

1. 费用内容：

建设工程监理费是指建设单位委托工程监理单位实施工程监理的费用。

2. 计算方法：

根据国家发展改革委、建设部《关于印发〈建设工程监理与相关服务收费管理规定〉的通知》（发改价格〔2007〕670号）和国家发展改革委《关于降低部分建设项目收费标准规范收费行为等有关问题的通知》（发改价格〔2011〕534号）等文件规定计取（见表6-8）。

表6-8 工程建设监理收费标准

序号	工程概（预）算 M（万元）	设计阶段（含设计招标）监理取费 a（%）	施工（含施工招标）及保修阶段监理费 b（%）
1	$M < 1000$	市场调节价	
2	$1000 \leqslant M < 5000$	$0.10 < a \leqslant 0.15$	$1.40 < b \leqslant 2.00$
3	$5000 \leqslant M < 10000$	$0.08 < a \leqslant 0.10$	$1.20 < b \leqslant 1.40$
4	$10000 \leqslant M < 50000$	$0.05 < a \leqslant 0.08$	$0.80 < b \leqslant 1.20$
5	$50000 \leqslant M < 100000$	$0.03 < a \leqslant 0.05$	$0.60 < b \leqslant 0.80$
6	$M \geqslant 100000$	$a \leqslant 0.03$	$b \leqslant 0.60$

6.0.12 工程保险费。

1. 费用内容：

工程保险费是指建设项目在建设期间根据需要对建筑工程、安装工程及机器设备进行投保而发生的保险费用。包括建筑工程一切险和人身意外伤害险、引进设备国内安装保险等。

2. 计算方法：

（1）不同的建设项目可根据工程特点选择投保险种，根据投保合同计列保险费用，编制投资估算和概算时可按工程费用的比例估算。

（2）不投保的工程不计取此项费用。

6.0.13 联合试运转费。

1. 费用内容：

联合试运转费是指新建项目或新增加生产能力的工程，在交付生产前按照批准的设计文件所规定的工程质量标准和技术要求，进行整个生产线或装置的负荷联合试运转或局部联动试车所发生的费用净支出（试运转支出大于收入的差额部分费用，以及必要的工业炉烘炉费）。试运转支出包括试运转所需原材料、燃料及动力消耗、低值易耗品、其他物料消耗、工具用具使用费、机械使用费、保险金、施工单位参加试运转人员工资，以及专家指导费等；试运转收入包括试运转期间的产品销售收入和其他收入。

联合试运转费不包括应由设备安装工程费用开支的调试及试车费用，以及在试运转中暴露出来的因施工原因或设备缺陷等发生的处理费用。

2. 计算方法：

（1）不发生试运转或试运转收入大于（或等于）费用支出的工程，不列此项费用。

（2）当联合试运转收入小于试运转支出时：

$$联合试运转费 = 联合试运转费用支出 - 联合试运转收入$$

6.0.14 特殊设备安全监督检验费。

1. 费用内容：

特殊设备安全监督检验费是指在施工现场组装的锅炉及压力容器、消防设备、燃气设备、电梯等特殊设备设施，由安全监察部门按照有关安全监察条例和实施细则以及设计技术要求进行安全检验，应由建设项目支付，并向安全监察部门缴纳。

2. 计算方法：

按照建设项目所在省（市、自治区）安全监察部门的规定标准计算。无具体规定的，在编制投资估算和概算时可按受检设备现场安装费的比例估算。

6.0.15 市政公用设施建设及绿化补偿费。

1. 费用内容：

市政公用设施建设及绿化补偿费是指项目建设单位按照项目所在地人民政府有关规定缴纳的市政公用设施建设费，以及绿化补偿费等。

2. 计算办法：

（1）按工程所在地人民政府规定标准计列。

（2）不发生或按规定免征项目不计取。

6.0.16 施工承包费。

1. 费用内容：

施工承包费是指施工总承包企业对项目组织协调管理费。

2. 计算方法：

按双方合同约定计取。

6.0.17 建设用地费。

1. 费用内容：

建设用地费是指按照《中华人民共和国土地管理法》等规定，建设项目征用土地或租用土地应支付的费用。包括：

（1）土地征用及迁移补偿费：经营性建设项目通过出让方式购置的土地使用权（或建设项目通过划拨方式取得无限期的土地使用权）而支付的土地补偿费、附着物和青苗补偿费、安置补偿费、余物迁建补偿费、土地登记管理费等；行政事业单位的建设项目通过出让方式取得土地使用权而支付的出让金；建设单位在建设过程中发生的土地复垦费用和土地损失补偿费用；建设期间临时占地补偿费。

（2）征用耕地按规定交纳的耕地占用税（一次性征收），征用城镇土地在建设期间按规定每年交纳的城镇土地使用税。

（3）建设单位租用建设项目土地使用权而一次性支付的费用。

2. 计算方法：

按各地方政府规定执行。

6.0.18 专利及专有技术使用费。

1. 费用内容：

（1）国外设计及技术资料费、引进有效专利费、专有技术使用费和技术保密费。

（2）国内有效专利费、专有技术使用费。

（3）商标使用费等。

2. 计算方法：

（1）按专利使用许可协议和专有技术使用合同的规定计列。

（2）专有技术的界定应以省、部级鉴定批准为依据。

（3）项目投资中只计需在建设期一次支付的专利及专有技术使用费。协议或合同规定在生产期分年支付的使用费应在成本中核算。

6.0.19 生产准备及开办费。

1. 费用内容：

生产准备及开办费是指建设项目为保证正常生产（或营业、使用）而发生的人员培训费、提前进厂费以及投产使用初期必备的生产生活用具、工器具等购置费用。包括：

（1）人员培训费及提前进厂费：自行组织培训或委托其他单位培训的人员工资、工资性补贴、职工福利费、差旅交通费、劳动保护费、学习资料费等。

（2）为保证初期正常生产、生活（或营业、使用）所必需的生产办公、生活家具用具购置费。

（3）为保证初期正常生产（或营业、使用）必需的第一套不够固定资产标准的生产工具、器具、用具购置费（不包括备品备件费）。

2. 计算方法：

（1）新建项目按设计定员为基数计算，改、扩建项目按新增设计定员为基数计算：生产准备费＝设计定员 × 生产准备费指标（元 / 人）。

（2）可采用综合的生产准备费指标进行计算，也可以按上述费用内容的分类指标计算。

7 预 备 费

7.0.1 基本预备费。

1. 费用内容：

（1）设计及工程量变更增加费。

（2）一般性自然灾害损失和预防费。

（3）竣工验收隐蔽工程开挖和修复费。

2. 计算方法：

费用计算基数＝设备购置费＋建筑工程费＋安装工程费＋工程建设其他费用。

按可行性研究、初步设计、施工等不同阶段费率计取。

7.0.2 价差预备费。

1 费用内容：

价差预备费是指建设项目在建设期间内由于价格等变化引起工程造价变化的预测预留费用。包括：人工、设备、材料、施工机械、仪器仪表的价差费，建筑安装工程费及工程建设其他费用调整，利率、汇率调整等增加的费用。

2 计算办法：

一般根据国家规定的投资总额和价格指数，按估算年份价格水平的投资额为基数，采用复利方法计算。

8 专项费用

8.0.1 建设期贷款利息。

建设期贷款利息是指建设项目投资中分年度使用银行或其他金融机构等贷款，在建设期内应归还的贷款利息。

1 费用内容：

投资贷款利息（含企业集资、建设债券和外汇贷款等利息）。

2 计算方法：

按银行规定执行。

8.0.2 铺底流动资金。

费用内容：

为保证建设项目投产初期正常生产经营活动，确保其所需流动资金有可靠来源，可按建设项目建成投产时实际需要的铺底流动资金计算。

8.0.3 固定资产投资方向调节税（暂不征收）。

9 电子建设项目工程概（预）算计价书

表9-1 封 面

建设项目工程概（预）算书

编 制：

审 核：

批 准：

（编制单位）

年 月 日

表 9-2 签 署 页

建 设 单 位：

建 设 项 目 名 称：

设 计 单 位：

工程造价咨询单位：

施 工 单 位：

年　　　月　　　日

表 9-2 签 署 页

表 9-3 工程概（预）算编制说明

编 制 说 明

一、工程概况

    1. 工程地点：

    2. 工程内容：

    3.

二、编制依据

    1.

    2.

    3.

年   月   日

表 9–4 工程总概（预）算表

工程名称：　　　　　　　建设单位名称：　　　　　　共　页　第　页

序号	预算表编号	工程或费用名称	概（预）算价值（万元）							
			建筑工程费	需要安装的设备购置费	不需要安装的设备购置费	安装工程费	其他费用	预备费	专项费用	金额
合计（万元）										

编制：　　　　校对：　　　　审核：　　　　编制日期：

表 9-5 建筑工程人工、材料、施工机械使用费计算表

工程名称：　　　　　　　　　　建设单位名称：　　　　　共　页　第　页

序号	定额编号	工程或费用名称	单位	数量	单价（元）				合价（元）			
					人工费	材料费	施工机械使用费	基价	人工费	材料费	施工机械使用费	金额
合　计（元）												

编制：　　　　　校对：　　　　　审核：　　　　　编制日期：

表9-6 设备（主材）购置费用计算表

序号	设备（主材）名称	单位	数量	原价（元）	运杂费费率（%）	采购及保管费费率（%）	运输保险费费率（%）	金额（元）
合　计（元）								

编制：　　　　　校对：　　　　　审核：　　　　　编制日期：

表 9-7 安装工程人工、材料、施工机械和施工仪器仪表使用费计算表

工程名称：　　　　　　　　　　建设单位名称：　　　　　共　页　第　页

序号	定额编号	工程或费用名称	单位	数量	单价（元）					合价（元）				
					人工费	材料费	施工机械使用费	施工仪器仪表使用费	基价	人工费	材料费	施工机械使用费	施工仪器仪表使用费	金额
合　计（元）														

编制：　　　　　校对：　　　　　审核：　　　　　编制日期：

表 9-8 建筑（安装）工程人工、材料、施工机械台班、施工仪器仪表台班价差表

单项工程名称：　　　　　　　　　建设单位名称：　　　　　共　页　第　页

序号	人工、材料、施工机械、施工仪器仪表		单位	定额价（元）	市场价（元）	价差（元）	数量	价差合计（元）
	名称	类别、型号、规格						
	合　计（元）							

编制：　　　　　校对：　　　　　审核：　　　　　编制日期：

表 9-9　建筑、安装工程费用计算表

工程名称：　　　　　　　建设单位名称：　　　　共　　页　　第　　页

序号	费　用　名　称	计费基数及计算式	金额（元）
1	定额人工费＋价差		
2	定额材料费＋价差		
3	定额施工机械使用费＋价差		
4	定额施工仪器仪表使用费＋价差		
5	措施项目费		
6	企业管理费	1×费率	
7	规费		
（1）	社会保险费	1×费率	
（2）	住房公积金	1×费率	
（3）	工程排污费		
8	利润	1×费率	
		（1＋2＋3＋4＋5＋6）×费率	
9	税金	（1＋2＋3＋4＋5＋6＋7＋8）×费率	
10	建筑、安装工程费用合计	1＋2＋3＋4＋5＋6＋7＋8＋9	

编制：　　　　　校对：　　　　　审核：　　　　　编制日期：

表 9-10 措施项目费计算表

工程名称:　　　　　　　建设单位名称:　　　　　共　页　第　页

序号	费　用　名　称		计费基数	费率（%）	金额（元）
1	安全文明施工费（安全施工费、文明施工费、环境保护费、临时设施费）		人工费		
2	夜间施工增加费		人工费		
3	二次搬运费		人工费		
4	冬雨季施工增加费		人工费		
5	工程定位复测、工程点交费		人工费		
6	已完工程及设备保护费		人工费		
7	测量放线费		人工费		
8	超高施工降效增加费	8m 以下	人工费		
		12m 以下	人工费		
		16m 以下	人工费		
		20m 以下	人工费		
		30m 以下	人工费		
9	高层施工增加费	40m 以下	人工费		
		80m 以下	人工费		
		120m 以下	人工费		
		160m 以下	人工费		
		200m 以下	人工费		

序号	费 用 名 称		计费基数	费率（%）	金 额（元）
10	高原地区施工降效增加费	2000 ～ 3000m	人工费		
		3001 ～ 4000m	人工费		
		4001 ～ 4500m	人工费		
		4501 ～ 5000m	人工费		
		5000m 以上	人工费		
11	安装与生产同时进行施工增加费		人工费		
12	有害身体健康的环境中施工增加费（在化工地区、核污染地区、高寒地区、高温地区施工）		人工费		
13	脚手架费		人工费		
14	施工队伍车辆使用费		人工费		
15	施工队伍调遣费				
16	远地施工增加费				
17	大型机械、仪器仪表进出场及安拆费				
18	停、窝工费				
19	施工用水、电、气费				
20	工程系统检测、检验费（由国家或地方检测部门进行的各类检测、检验）				
21	工程现场安全保护设施费				
22	地下管线交叉处理措施费				
23	设备、管道施工的防冻和焊接保护费				
24	组装平台费				
25	洁净措施费				
26	技术培训费				
27	其他				
合 计（元）					

编制：　　　　校对：　　　　审核：　　　　编制日期：

表 9-11 工程建设其他费用汇总表

工程名称：　　　　　　　建设单位名称：　　　　　共　页　第　页

序号	费 用 名 称	金额（元）
1	建设单位管理费	
2	可行性研究费	
3	招标代理服务费	
4	勘察费	
5	设计费	
6	建设领域应用软件开发费	
7	环境影响咨询费	
8	劳动安全卫生评价费	
9	场地准备及临时设施费	
10	引进技术和引进设备其他费	
11	建设工程监理费	
12	工程保险费	
13	联合试运转费	
14	特殊设备安全监督检验费	
15	市政公用设施建设及绿化补偿费	
16	施工承包费	
17	建设用地费	
18	专利及专有技术使用费	
19	生产准备及开办费	
合　计（元）		

编制：　　　　校对：　　　　审核：　　　　编制日期：

表 9-12 预备费用计算表

工程名称：　　　　　　　　建设单位名称：　　　　共　页　第　页

序号	费用名称	取费基数	费率（%）	金额（元）
	（一）基本预备费			
	（二）价差预备费			
合　计（元）				

编制：　　　　　校对：　　　　　审核：　　　　　编制日期：

表 9–13 专项费用计算表

工程名称：　　　　　　　建设单位名称：　　　　　　　共　　页　　第　　页

序号	费用名称	取费基数	费率（%）	金额（元）
	（一）建设期贷款利息			
	（二）铺底流动资金			
	（三）固定资产投资方向调节税			
	合　计（元）			

编制：　　　　　校对：　　　　　审核：　　　　　编制日期：

10 附 则

10.0.1 本办法的批准部门为中华人民共和国工业和信息化部。

10.0.2 本办法的解释单位为工业和信息化部电子工业标准化研究院。

10.0.3 本办法有关表内所称"××以下",包括××在内;"××以上",不包括××在内。

10.0.4 本办法第4章中,费率用数字表示的为固定费率,不可以做调整,用"(2%)"表示是可调费率,只允许下浮,但不能超过。

主 编 单 位：工业和信息化部电子工业标准化研究院
参 编 单 位：中国电子科技集团公司第十五研究所
　　　　　　太极计算机股份有限公司
　　　　　　北京中宏安科技发展有限公司
主要编制人员：薛长立　戴永生　魏　梅　马宏浩　万玉晴　陈　冬
审 查 专 家：王元光　王海宏　白洁如　王中和　吴佐民　刘　智　刘宝利　董士波
　　　　　　黄琦玲　罗廷菊　佟一文　魏晓东　朱承海　赵　珍　常海霞　孙　雷
　　　　　　贾致杰　黄守峰